VYAS SANDIP PARMANANDBHAI

NANOPARTICULAS DE MnO, CuO e ZnO

VYAS SANDIP PARMANANDBHAI

NANOPARTICULAS DE MnO, CuO e ZnO

SÍNTESE QUÍMICA DE NANOPARTICULAS DE MnO, CuO E ZnO ATRAVÉS DO MÉTODO DE CO-PRECIPITAÇÃO

ScienciaScripts

Cover image: www.ingimage.com

This book is a translation from the original published under ISBN 978-620-8-42029-1.

Publisher:
Sciencia Scripts
is a trademark of
Dodo Books Indian Ocean Ltd. and OmniScriptum S.R.L publishing group

120 High Road, East Finchley, London, N2 9ED, United Kingdom
Str. Armeneasca 28/1, office 1, Chisinau MD-2012, Republic of Moldova, Europe
Managing Directors: Ieva Konstantinova, Victoria Ursu
info@omniscriptum.com

Printed at: see last page
ISBN: 978-620-8-60505-6

Dedicado a

O MEU Guruji

(Shri Premanandji Maharaj)

ACOMPANHAMENTO

Antes de mais, agradeço ao *Senhor Todo-Poderoso* por tudo o que me concedeu e considero as minhas realizações como sendo as suas bênçãos.

Gostaria de agradecer ao **HOD Chemistry, Dr. M. R. Chavda** e a todos os membros do pessoal do departamento de química da faculdade de Himatnagar, que desempenharam um papel importante no meu árduo sucesso. Muitas pessoas ajudaram-nos durante o nosso trabalho de investigação, direta ou indiretamente. Aproveito esta oportunidade para agradecer a todos e a cada um deles que, direta ou indiretamente, cooperaram seriamente na realização deste trabalho.

Estou muito grato por transmitir os meus agradecimentos especiais ao **Dr. Maharshi Shukla**, ao **Sr. Vimal Mevada,** ao **Dr. Ketan Parmar,** ao **Dr. K. V. Goswami,** ao **Prashant,** ao **Jignesh e** ao **Jay** pelas inúmeras discussões atenciosas sobre muitos pontos ao longo deste programa de investigação.

O constante silêncio amoroso e a sinceridade da minha relação sincera com a minha mulher **Poonam**, o meu filho **Raghav**, o meu sobrinho **Shrey** & **Het** e a minha sobrinha **Yesha** merecem uma menção especial ao longo de todo o trabalho.

-Sandip P. Vyas

PREFACE

A nanotecnologia, um domínio em rápido avanço, desempenha um papel crucial no desenvolvimento de novos materiais com propriedades únicas, conduzindo a um vasto espetro de aplicações, incluindo a eletrónica, a remediação ambiental, o armazenamento de energia e a medicina. Entre os vários tipos de nanomateriais, as nanopartículas de óxidos metálicos, como o óxido de manganês (MnO), o óxido de cobre (CuO) e o óxido de zinco (ZnO), têm atraído uma atenção considerável devido às suas excepcionais propriedades químicas, mecânicas e ópticas. Estas nanopartículas apresentam caraterísticas únicas, como uma elevada área superficial, propriedades ópticas e electrónicas ajustáveis e actividades catalíticas, o que as torna candidatas ideais para várias aplicações tecnológicas.

A síntese de nanopartículas de óxidos metálicos tem sido abordada através de vários métodos, cada um oferecendo vantagens distintas. Uma das técnicas mais utilizadas e mais económicas para a produção destas nanopartículas é o método de co-precipitação. Este método envolve a precipitação simultânea de sais metálicos em solução, o que, em condições específicas, leva à formação de nanopartículas. A co-precipitação é particularmente favorecida devido à sua simplicidade, escalabilidade e capacidade de controlar com precisão o tamanho e a morfologia das nanopartículas, ajustando vários parâmetros como o pH, a temperatura, a concentração e o tipo de agentes precipitantes utilizados.

Neste trabalho, exploramos a síntese de nanopartículas de MnO, CuO e ZnO através do método de co-precipitação. Cada um destes óxidos metálicos desempenha um papel fundamental em numerosas aplicações industriais e ambientais. O MnO é amplamente reconhecido pelas suas propriedades catalíticas, o CuO é conhecido pela sua condutividade eléctrica e propriedades antimicrobianas, e o ZnO é um material versátil utilizado em fotocatálise, células solares e como agente bloqueador de UV. A síntese destas nanopartículas através da co-precipitação não só oferece conhecimentos sobre os mecanismos de crescimento das partículas de óxido metálico, como também ajuda a otimizar as condições para obter as propriedades desejadas que são relevantes para aplicações específicas.

O principal objetivo desta investigação é apresentar uma panorâmica detalhada do método de co-precipitação, centrando-se nos processos de síntese, nas técnicas de caraterização e nas propriedades das nanopartículas de MnO, CuO e ZnO. Este estudo visa contribuir para a compreensão da formação de nanopartículas e fornecer informações valiosas para o desenvolvimento de materiais avançados que podem ser utilizados em vários domínios tecnológicos.

Dr. Sandip P. Vyas

Email:vyasspraghav0763@gmail.com

CONTENTOS

A C O M P A N H A M E N T O 2
P R E F A C E 3
INTRODUÇÃO 6
SÍNTESE QUÍMICA E ACTIVIDADES MICROBIANAS DE NANOPARTICULAS DE MnO PREPARADAS PELO MÉTODO DE CO-PRECIPITAÇÃO 14
SÍNTESE DE NANOPARTICULAS DE ÓXIDO DE COBRE (CuO) POR MÉTODO DE COPRECIPITAÇÃO 27
SÍNTESE DE NANOPARTICULAS DE ÓXIDO DE COBRE (ZnO) POR MÉTODO DE COPRECIPITAÇÃO 39
Referências: 48

INTRODUÇÃO

Introdução à Síntese de Nanopartículas de MnO, CuO e ZnO através do Método de Co-Precipitação

A nanotecnologia, com os seus rápidos desenvolvimentos, tem tido um impacto significativo em várias disciplinas científicas, introduzindo novos materiais com propriedades únicas. Entre estes materiais, as nanopartículas de óxidos metálicos, como o óxido de manganês (MnO), o óxido de cobre (CuO) e o óxido de zinco (ZnO), demonstraram um potencial notável numa vasta gama de aplicações devido à sua versatilidade e excepcionais propriedades químicas, físicas e catalíticas. Estas nanopartículas têm sido amplamente utilizadas em domínios como a catálise, a remediação ambiental, o armazenamento e a conversão de energia, os sensores e a administração de medicamentos. Consequentemente, a compreensão e otimização da síntese destas nanopartículas é crucial para melhorar o seu desempenho e expandir as suas potenciais aplicações.

1. Visão geral das nanopartículas de óxido metálico

As nanopartículas de óxido metálico são compostos inorgânicos que consistem em elementos metálicos combinados com oxigénio. O MnO, o CuO e o ZnO são três desses óxidos metálicos que apresentam propriedades distintas, tornando-os valiosos para uma variedade de aplicações.

- **O óxido de manganês (MnO)** é amplamente reconhecido pela sua elevada atividade catalítica, o que o torna um material essencial para aplicações em catálise, particularmente em reacções como a oxidação e a hidrogenação. O MnO é também utilizado em baterias e supercapacitores devido à sua capacidade de armazenar e libertar energia de forma eficiente.
- **O óxido de cobre (CuO)** é outro importante óxido metálico conhecido pelas suas propriedades semicondutoras, o que o torna um candidato potencial para dispositivos fotovoltaicos, sensores e aplicações catalíticas, particularmente na oxidação de compostos orgânicos. O CuO é também reconhecido pelas suas propriedades antibacterianas e antimicrobianas, tornando-o adequado para aplicações médicas e ambientais.
- **O óxido de zinco (ZnO)** é talvez um dos óxidos metálicos mais versáteis, com aplicações que vão desde as células solares e a fotocatálise até à proteção UV e aos sensores de gás. A sua estrutura eletrónica única torna-o também muito adequado para utilização em dispositivos piezoeléctricos e como semicondutor em dispositivos electrónicos.

O desempenho destas nanopartículas de óxido metálico é fortemente influenciado pelo seu tamanho, forma, área de superfície e cristalinidade. Assim, o controlo da sua síntese é vital para adaptar as suas propriedades às exigências de aplicações específicas.

2. Método de Co-Precipitação para a Síntese de Nanopartículas

O método de co-precipitação é uma das técnicas mais utilizadas e mais simples para a síntese de nanopartículas de óxidos metálicos. Envolve a precipitação simultânea de sais metálicos a partir de uma solução, seguida da sua conversão em nanopartículas através de reacções químicas. Este método oferece várias vantagens, como o baixo custo, a escalabilidade e a capacidade de controlar o tamanho e a morfologia das nanopartículas através do ajuste das condições de reação, como o pH, a temperatura, a concentração de precursores e o tipo de tensioactivos ou estabilizadores utilizados.

O processo de co-precipitação começa normalmente com a dissolução de sais metálicos (tais como nitrato de manganês, nitrato de cobre ou nitrato de zinco) num solvente, frequentemente água. Em seguida, um agente precipitante, como o hidróxido de sódio (NaOH) ou o hidróxido de amónio (NH_4OH), é adicionado à solução, fazendo com que os iões metálicos precipitem como hidróxidos ou carbonatos. Após a precipitação, o precipitado sólido é normalmente submetido a calcinação, um tratamento térmico a altas temperaturas, que converte os hidróxidos metálicos em nanopartículas de óxido metálico.

O método de co-precipitação oferece várias vantagens distintas para a síntese de nanopartículas:

- **Controlo do tamanho e da morfologia das nanopartículas**: Ao ajustar os parâmetros experimentais, como o pH, a temperatura e a concentração de precursores, os investigadores podem afinar o tamanho e a forma das nanopartículas.

- **Custo-eficácia e escalabilidade**: O método de co-precipitação é relativamente barato e pode ser facilmente ampliado para aplicações industriais.
- **Simplicidade e versatilidade**: O método é simples e pode ser aplicado a uma variedade de nanopartículas de óxido metálico, o que o torna altamente versátil.

3. Parâmetros-chave que afectam a co-precipitação

O método de co-precipitação envolve vários parâmetros-chave que influenciam as propriedades finais das nanopartículas sintetizadas. Estes incluem:

- **Seleção do precursor**: O tipo de sal metálico utilizado como precursor determina a composição metálica do produto final. Os precursores comuns para as nanopartículas de MnO, CuO e ZnO incluem o nitrato de manganês, o nitrato de cobre e o nitrato de zinco.
- **pH da solução**: O pH desempenha um papel fundamental na determinação da solubilidade dos iões metálicos e, consequentemente, do tamanho e da morfologia das nanopartículas. Um ambiente altamente alcalino favorece normalmente a formação de hidróxidos metálicos, que são depois convertidos em óxidos metálicos durante a calcinação.
- **Temperatura**: A temperatura durante as etapas de precipitação e calcinação tem um impacto significativo na estrutura cristalina, no tamanho e na estabilidade das nanopartículas. As temperaturas mais elevadas conduzem frequentemente a partículas maiores, enquanto que as temperaturas mais baixas

podem promover a formação de nanopartículas mais pequenas e mais uniformes.

- **Concentração do Precursor**: A concentração do sal metálico na solução afecta a taxa de nucleação e o crescimento das partículas. Concentrações elevadas podem resultar em nanopartículas maiores, enquanto que concentrações mais baixas podem produzir partículas mais pequenas.
- **Condições de calcinação**: A temperatura e o tempo de duração do processo de calcinação são essenciais para a transformação de hidróxidos metálicos em óxidos metálicos. As condições de calcinação influenciam a estrutura cristalina, a morfologia e a área de superfície das nanopartículas.
- **Tensioactivos e estabilizadores**: A utilização de tensioactivos ou estabilizadores pode ajudar a evitar a aglomeração de partículas e a controlar o tamanho das partículas, estabilizando as nanopartículas durante a síntese.

4. Mecanismo do Processo de Co-Precipitação

O mecanismo subjacente ao processo de co-precipitação pode ser descrito da seguinte forma:

- **Nucleação**: Quando um agente precipitante é adicionado à solução de sal metálico, os catiões metálicos (por exemplo, Mn^{2+}, Cu^{2+}, ou Zn^{2+}) reagem com o precipitante (como iões hidróxido, OH-) para formar partículas de hidróxido metálico. A uma certa concentração, estas partículas começam a nuclear-se e a crescer.
- **Crescimento**: Uma vez ocorrida a nucleação, as partículas continuam a crescer através da adição de mais iões metálicos da

solução. A taxa de crescimento destas partículas depende de vários factores como a concentração, a temperatura e o pH.

- **Aglomeração e agregação**: Durante o processo de síntese, as nanopartículas podem ter tendência para se agregarem ou aglomerarem devido às forças de van der Waals ou às interações electrostáticas. Para evitar isto, são frequentemente adicionados estabilizadores à reação para manter a dispersão das nanopartículas.
- **Transformação em óxidos**: Após a precipitação, os hidróxidos ou carbonatos metálicos são normalmente aquecidos a temperaturas elevadas para remover qualquer água ou outros compostos voláteis. Este processo de calcinação converte o precursor de hidróxido ou carbonato em nanopartículas de óxido metálico. A morfologia final e a estrutura cristalina das nanopartículas dependem significativamente das condições de calcinação.

5. Aplicações das nanopartículas de MnO, CuO e ZnO

- **Óxido de Manganês (MnO)**: As nanopartículas de MnO têm uma vasta gama de aplicações devido à sua elevada atividade catalítica. São utilizadas em reacções catalíticas, nomeadamente para a degradação de poluentes orgânicos e em células de combustível. As nanopartículas de MnO também encontram aplicações em baterias e supercapacitores devido à sua capacidade de sofrer reacções redox reversíveis.
- **Óxido de cobre (CuO)**: As nanopartículas de CuO têm aplicações em diversas áreas, como a catálise, a tecnologia de sensores e os revestimentos antimicrobianos. As suas

propriedades semicondutoras tornam-nas úteis em dispositivos electrónicos, e as suas propriedades antibacterianas são aproveitadas em aplicações médicas e ambientais.

- **Óxido de zinco (ZnO)**: As nanopartículas de ZnO são utilizadas em células solares, fotocatálise e como agentes bloqueadores de UV em protectores solares. A elevada área de superfície do ZnO também o torna um candidato ideal para utilização em sensores de gás e como fotocatalisador para remediação ambiental.

6. Caracterização de nanopartículas de MnO, CuO e ZnO

A caraterização de nanopartículas de óxido metálico é crucial para compreender as suas propriedades e desempenho em várias aplicações. As técnicas de caraterização mais comuns incluem:

- Difração de raios X (XRD)**: Utilizada para determinar a estrutura cristalina e a pureza de fase das nanopartículas.**
- Microscopia eletrónica de varrimento (SEM)**: Fornece informações sobre a morfologia, o tamanho e a distribuição das nanopartículas.**
- Microscopia Eletrónica de Transmissão (TEM)**: Utilizado para observar a estrutura interna e o tamanho de nanopartículas individuais.**
- Espectroscopia de infravermelhos com transformada de Fourier (FTIR)**: Fornece informações sobre os grupos funcionais e as ligações químicas nas nanopartículas.**
- Análise da área de superfície (método BET)**: Determina a área de superfície específica das nanopartículas, que é um fator importante para aplicações catalíticas e de adsorção.**

Conclusão

O método de co-precipitação é uma técnica versátil e económica para a síntese de nanopartículas de óxidos metálicos, incluindo MnO, CuO e ZnO. Ajustando os principais parâmetros de síntese, é possível controlar o tamanho, a forma e a morfologia das nanopartículas, o que influencia diretamente as suas propriedades e aplicações. A síntese destas nanopartículas desempenha um papel significativo no avanço de uma variedade de domínios tecnológicos, incluindo a catálise, o armazenamento de energia, a proteção ambiental e a medicina. Por conseguinte, compreender os meandros do método de co-precipitação e optimizá-lo para nanopartículas de óxido metálico específicas é essencial para o desenvolvimento de nanomateriais avançados com propriedades adaptadas para aplicações práticas.

SÍNTESE QUÍMICA E ACTIVIDADES MICROBIANAS DE NANOPARTICULAS DE MnO PREPARADAS PELO MÉTODO DE CO-PRECIPITAÇÃO

RESUMO :-

A síntese de nanopartículas no domínio da investigação em nanotecnologia, o que reforça o desenvolvimento de métodos amigos do ambiente. O método de co-precipitação química é utilizado para a síntese de nanopartículas de MnO, tendo o precursor sido recozido e sintetizado com a ajuda de um sal, como o cloreto de manganês, utilizando uma solução de NaOH. A análise ótica, medida por espetroscopia UV-VISÍVEL, mostrou que as propriedades ópticas das nanopartículas foram analisadas, o pico de absorção a 328 nm e o espetro UV-visível exibiram a absorção proeminente. A análise do tamanho das partículas e da morfologia realizada por Microscopia Eletrónica de Varrimento (SEM) mostrou estruturas abertas e semi lineares. A composição elementar foi medida por Análise Dispersiva de Energia (EDX). As estruturas hexagonais foram realizadas utilizando a Microscopia Eletrónica de Transmissão de Alta Resolução (HR-TEM), exibindo estruturas cristalinas simples puras e SAED que confirma a pureza da amostra sintetizada. As nanopartículas de dióxido de manganês são um dos materiais inorgânicos mais atractivos, com uma vasta gama de aplicações físicas e químicas, devido à sua natureza caraterística e à sua facilidade de preparação, as propriedades ópticas maciças mostraram que é elegível para aplicação em células fotovoltaicas.

INTRODUÇÃO: -

No domínio da nanotecnologia, o tamanho da partícula desempenha um papel importante na formação de um material que, se for nanométrico, é um contributo muito importante para o investigador devido às suas diversas propriedades, como as variáveis ópticas, estruturais e magnéticas. A forma, o tamanho, a composição e a estrutura são algumas das variáveis importantes que controlam as propriedades das nanopartículas.

[1] A dimensão e a morfologia são o controlo do tamanho das partículas das nanopartículas, pelo que os materiais apresentam propriedades caraterísticas estáveis. Por conseguinte, a síntese de nanopartículas depende da sua estrutura central com tamanho controlado

[2] A fração de átomo nas nanopartículas metálicas tem uma área de superfície específica elevada e é estudada extensivamente devido às suas caraterísticas físicas e electrónicas únicas

[3] Excelentes propriedades físico-químicas do manganês.
As nanopartículas de óxido podem ser aplicadas em vários domínios, por exemplo
Catalisadores, peneiras moleculares, baterias, materiais magnéticos, bem como outras aplicações, como o tratamento de águas, a optoelectrónica, etc,

[4] As nanopartículas de óxido de manganês sintetizadas são estudadas em termos de

E as propriedades electrónicas são os elementos mais importantes para Investigação suplementar em células solares.

PROCEDIMENTO:-

Para a preparação das nanopartículas de óxido de manganês, foi utilizado o método de síntese por precipitação de Co. Para as soluções na reação, foi utilizada água desionizada para a maquilhagem do procedimento. Soluções molares de cloreto de manganês num copo limpo e solução de hidróxido de sódio foram adicionadas gota a gota lentamente sem qualquer interrupção, até aparecer um precipitado castanho. Pelo método de centrifugação, as nanopartículas foram separadas e lavadas com água desionizada até obterem um pH estabilizado. Filtrar o precipitado e secá-lo completamente.

CARECTARIZAÇÃO DE NANOPARTICULAS DE MnO

As propriedades ópticas das nanopartículas sintetizadas foram analisadas utilizando um espetrofotómetro UV-visível de feixe duplo (Modelo LT-2802). A espetroscopia de infravermelhos com transformada de Fourier (FTIR, Tracer 100) foi utilizada para examinar as caraterísticas dos grupos funcionais presentes nas nanopartículas sintetizadas e a estrutura cristalina das nanopartículas foi determinada por difração de raios X em pó (XRD) utilizando radiação CuKα (λ= 1,54 Å) e ângulo de Bragg (2θ) no intervalo de 5° a 90°. A espetroscopia de raios X por dispersão de energia (EDX-8000) foi utilizada para examinar a composição elementar e a pureza do produto das nanopartículas de óxido de manganês.

ANÁLISE POR ESPECTROSCOPIA UV-VISÍVEL:-

Os espectros de absorção ótica das nanopartículas de óxido de manganês sintetizadas em relação à água destilada como referência por espetrofotómetro UV-visível na gama de 200 nm a 800 nm são apresentados na Figura 1. Um pico de absorção a 320 nm indica a presença de nanopartículas de óxido de manganês

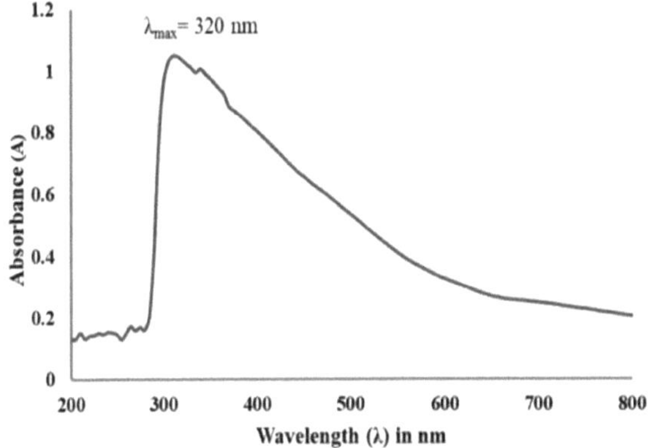

Figure 1: UV-VIS spectrum of synthesized manganese oxide nanoparticles

ANÁLISE FTIR:-

A espetroscopia FTIR foi utilizada para determinar a composição e o nível de pureza das nanopartículas de óxido de manganês sintetizadas pelo método de co-precipitação. Os espectros FTIR do grupo funcional presente nas nanopartículas sintetizadas são apresentados na Figura 2. Os picos de absorção distintos foram observados a 3260 cm-1, 2331 cm-1, 2109 cm-1, 1635 cm-1, 515 cm-1 e 480 cm-1. O pico a 3260 cm-1 pode ser devido ao estiramento O-H e o pico a 2331 cm-1 pode ser devido ao estiramento O=C=O. O pico a 2109 cm-1 é atribuído à vibração de estiramento de N=C=S, enquanto o pico a 1635 cm-1 é atribuído à vibração de estiramento da ligação C=C. As bandas de absorção a 480 cm-1 e 515 cm-1 correspondem à ligação Mn-O, o que confirma a formação de nanopartículas de MnO. Esta análise confirma que há muito poucas ou nenhumas impurezas presentes na amostra como-sintetizada.

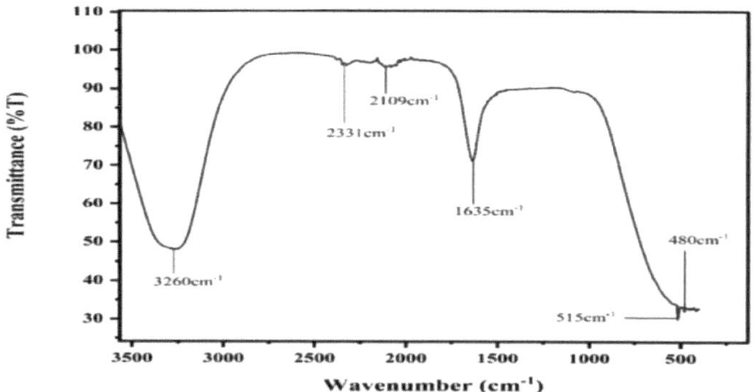

Figure 2: FTIR spectrum of synthesized manganese oxide nanoparticles

ANÁLISE XRD:-

A técnica de XRD foi utilizada para estudar a morfologia das nanopartículas de óxido de manganês sintetizadas. O espetro de XRD das nanopartículas sintetizadas quimicamente é mostrado na Figura 3, juntamente com os dados padrão para MnO (JCPDS/ICDD No. 01-089-2809). Os picos de difração correspondentes ao MnO são consistentes com os dados padrão do JCPDS. Na figura, foram observados picos distintos a 34,78°, 40,28° e 58,86° que foram indexados aos planos cristalinos (111), (220) e (322), respetivamente; que são comparáveis com os valores padrão e sugeridos pela literatura [25]. O tamanho médio dos cristais das nanopartículas sintetizadas foi calculado usando a equação de Debye-Scherrer e foi encontrado como sendo 11 nm.

Debye-Scherrer equation is given as,

$$D = \frac{0.9\lambda}{\beta \cos \theta}$$

Where 'λ' is the wavelength of the X-ray, 'β' is full width at half maximum (FWHM), 'θ' is the diffraction angle, and 'D' is the average particle size.

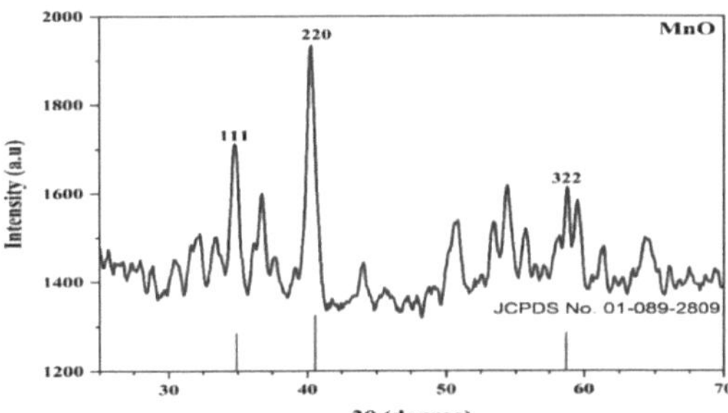

Figure 3: XRD pattern of synthesized manganese oxide nanoparticles

ANÁLISE TEMÁTICA:-

O TEM é um microscópio eletrónico no qual uma imagem é formada pela transmissão de electrões de energia muito elevada através de uma amostra ultrafina. As imagens fornecidas pela microscopia eletrónica de transmissão medem a estrutura detalhada dos nanomateriais de MnO, o tamanho e a disposição molecular. As acelerações de electrões são geradas no campo, durante a realização da análise TEM que dá valores mais elevados do que SEM para que aqui a amostra não seja mais absorvida. As nanopartículas de MnO sintetizadas foram demonstradas por análise TEM usando o Microscópio Eletrónico de Transmissão Technai G2 T30U Twin (TEM) operando a uma tensão de aceleração de 200 kV. Na forma de materiais sintetizados apareceram estruturas rectangulares e cúbicas regulares com uma largura uniforme de molécula individual. As superfícies destas poli-formas eram iguais e os limites de uma delas são evidentes e o tamanho das partículas de MnO é de 18,35 nm. Os microgramas de nanopartículas de MnO indicaram que a imagem indica que os nanomateriais de MnO têm uma estrutura policristalina com várias formas de arranjo molecular. As estruturas hexagonais de MnO indicaram a natureza wurtzite com tetraedro

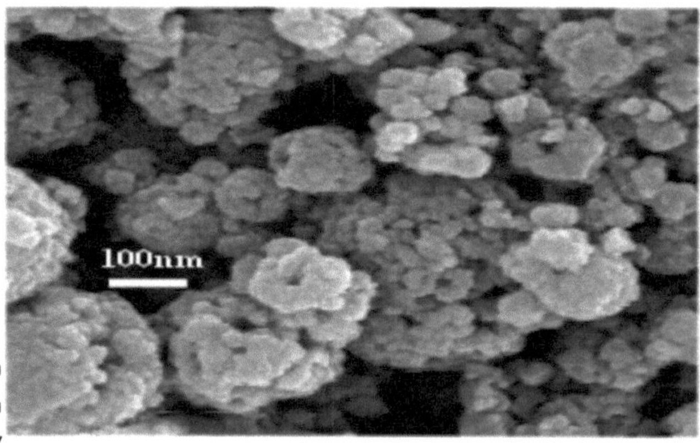

ANÁLISE SEM:-

O SEM é utilizado para estudar a morfologia das caraterísticas da superfície, a composição e a textura de uma película. Esta análise foi realizada por um Microscópio Eletrónico de Varrimento com Pistola de Emissão de Campo (FEG-SEM JSM7600F) a funcionar a 10 Kv. A ampliação da imagem SEM é a relação entre a área digitalizada da amostra e o tamanho do ecrã. Antes de utilizar o instrumento de microscopia eletrónica de varrimento, as partículas foram sonicadas, misturadas homogeneamente em proporções iguais e a distribuição das partículas no campo é igual. As imagens SEM dos estudos microscópicos indicam que as nanopartículas de MnO estão representadas na figura, o que indica que os nanomateriais se formaram como estruturas em forma de folha, que se sobrepõem umas às outras, como se pode ver na micrografia de superfície, que mostra que a película é constituída por nanofolhas de estruturas maciças espalhadas aleatoriamente, com um crescimento impressionante e aglomerações no campo, o que se explica pela ausência de propriedades externas, como alta temperatura e pressão. A aproximação da forma e do tamanho dos nanomateriais de MnO implica uma concentração de oxigénio que actua como regulador.

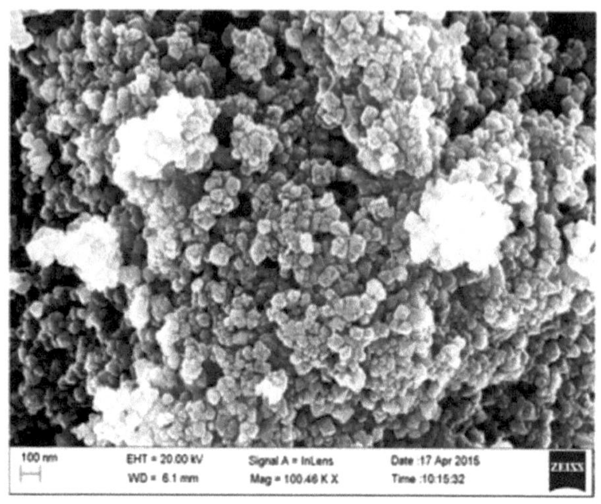
100 nm
EHT = 20.00 kV
WD = 6.1 mm
Signal A = InLens
Mag = 100.46 K X
Date :17 Apr 2015
Time :10:15:32
ZEISS

ACTIVIDADE ANTIMICROBIANA :-

A atividade antimicrobiana das nanopartículas contra diferentes micróbios foi avaliada através da medição do diâmetro da zona de inibição no método de difusão em disco. Foi observada uma zona de inibição contra todos os microrganismos testados, o que revelou as nanopartículas de óxido de manganês como um potencial agente antimicrobiano. O impacto das nanopartículas de óxido de manganês no crescimento de estirpes bacterianas e fúngicas é apresentado na Figura...

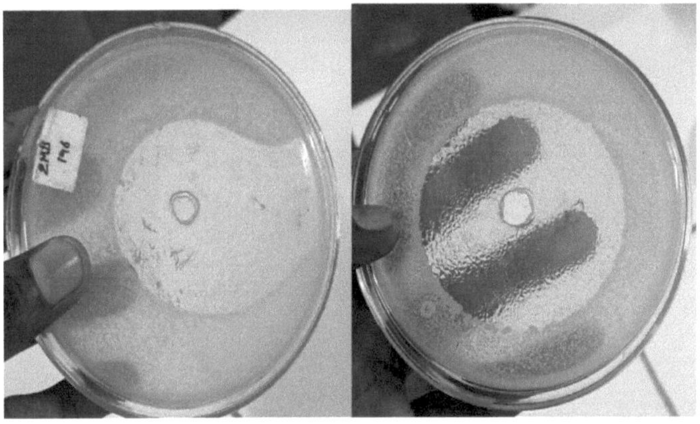

BACTERIAL — A zona de inibição é de 44 mm.

FUNGIAL — A zona de inibição é 42 mm.

CONCLUSÃO

As nanopartículas de óxido de manganês foram sintetizadas através de um método simples de co-precipitação, utilizando cloreto de manganês e hidróxido de sódio. A abordagem sintética foi simples, económica e eficiente em termos de tempo, evitando o trabalho experimental fastidioso e a aplicação de energia elevada. As nanopartículas sintetizadas foram caracterizadas por UV, FTIR, XRD, e a sua propriedade antimicrobiana foi examinada pelo método de difusão em disco. O estudo dos espectros UV-Vis confirmou a presença de nanopartículas de óxido de manganês e a análise espetral FTIR revelou o pico caraterístico da ligação Mn-O. O tamanho médio das nanopartículas sintetizadas foi previsto pelos espectros XRD.

SÍNTESE DE NANOPARTICULAS DE ÓXIDO DE COBRE (CuO) POR MÉTODO DE COPRECIPITAÇÃO

RESUMO:

Relatamos a síntese de nanopartículas de óxido de cobre (CuO) a partir de Cu(NO3)2 através do método de precipitação química húmida. A caraterização foi feita por difração de raios X (XRD), microscopia eletrónica de varrimento (SEM), analisador de tamanho de partículas e espetroscopia de infravermelhos com transformada de Fourier (FTIR). Dois picos mais proeminentes no perfil XRD, em torno de 2_4 = 35,9 ° e 39,2 °, que são combinações de reflexões duplas, respetivamente, são caraterísticas do CuO monoclínico. Além disso, a estimativa do tamanho dos cristais a partir dos dados de XRD, utilizando a fórmula de Debye-Scherrer, produziu um tamanho médio de 34 nm para as nanopartículas. No entanto, o analisador de tamanho de partículas mediu o tamanho médio do grão como 86 nm. Por conseguinte, concluiu-se que cada grão de CuO de tamanho nanométrico parecia ser constituído por cerca de 16 cristalitos. As imagens de SEM mostraram uma distribuição uniforme de partículas cristalinas semelhantes a vidro de gelo, que são uma aglomeração de partículas mais pequenas. Os resultados do FTIR mostraram os picos esperados correspondentes ao estiramento Cu-O. Como aplicação potencial como modificador do elétrodo de pasta de carbono (CPE), as eficiências electrocatalíticas das nanopartículas de CuO estão a ser investigadas

Palavras-chave: Óxido de cobre; Nanopartículas; Precipitação química húmida; Difração de raios X

INTRODUÇÕES:

Nas últimas décadas, foram descobertas nanopartículas com uma variedade de formas, tamanhos e composições. Muitas delas apresentam uma excelente condutividade e propriedades catalíticas fascinantes que as tornam adequadas para a construção de novos sensores electroquímicos. Os óxidos de metais de transição nanoestruturados têm atraído uma atenção considerável dos investigadores nos últimos anos. O óxido de cobre (II), CuO, também conhecido como óxido cúprico, é um semicondutor do tipo p com um intervalo de 1,2 - 1,9 eV. É um óxido de metal de transição preto com estrutura cristalina monoclínica e muitas caraterísticas interessantes, por exemplo, alta condutividade térmica, propriedades fotovoltaicas, alta estabilidade e atividade antimicrobiana. Devido a estas propriedades úteis, o CuO tem sido amplamente investigado pela sua vasta gama de potenciais aplicações, tais como, em células electroquímicas, sensores de gás, dispositivos de armazenamento magnético, emissores de campo e em catálise [1]. Os nanocompósitos são conhecidos por melhorar significativamente as propriedades electrocatalíticas dos substratos, diminuir o sobrepotencial, aumentar a taxa de reação e melhorar a reprodutibilidade da resposta do elétrodo na área da electroanálise [2,3,4]. Neste relatório apresentamos a síntese de Nanopartículas de CuO através do método de precipitação química húmida, utilizando Cu(NO3)2 e 1,10-fenantrolina como Precursores, e mistura etanol/água e NaOH como agentes redutores. A caraterização das nanopartículas de CuO sintetizadas foi feita por difração de raios X (XRD), espetroscopia de infravermelhos com transformada de Fourier (FTIR), análise termogravimétrica (TGA) e análise do tamanho das partículas.

PROCEDIMENTO:

O método de síntese de precipitação de Co foi utilizado para a preparação de nanopartículas de óxido de cobre para solução na reação de água desionizada. Foi utilizada para a preparação do procedimento. As soluções molares de sulfato de cobre num Becker limpo e a solução de hidróxido de sódio (NaOH) foram adicionadas gota a gota lentamente sem qualquer interrupção, até que a precipitação negra seja aprovada. Filtrar o precipitado e secá-lo completamente.

Reação:

CuSo4 + 2 NaoH -→ cu(oH)2 + Na2so4

Cu(oH)2 + calor --→ Cuo + H2O

CARECTARIZAÇÃO DE NANOPARTICULAS DE CuO:

As medidas de difração de raios X foram executadas com um difratómetro Shimadzu D6000 (da Shimadzu, Japão), a microscopia eletrónica de varrimento (SEM) foi realizada numa série de feixes cruzados Zeiss com unidade Gemini FESEM. A espetroscopia de infravermelhos com transformada de Fourier (FTIR) foi efectuada com o Shimadzu FTIR, de 400 cm-1 a 4000. A análise do tamanho das partículas foi efectuada com o Microtrac/Nanotrac TM150, que emprega a dispersão ótica da luz das partículas suspensas

ANÁLISE POR ESPECTROSCOPIA UV-VISÍVEL :

A espetroscopia UV-visível é uma ferramenta útil para monitorizar a síntese das nanopartículas de óxido de cobre. Como se pode ver na Fig. 1, observou-se um pico de absorção largo a cerca de 365 nm após 48 horas de reação, o que constitui uma inferência para a síntese das nanopartículas de óxido de cobre. Os espectros UV-vis mostraram que as nanopartículas de óxido de cobre formadas eram estáveis em solução à temperatura ambiente durante mais de quatro semanas.

Fig. 1: Espectro UV-VIS da nanopartícula de óxido de cobre

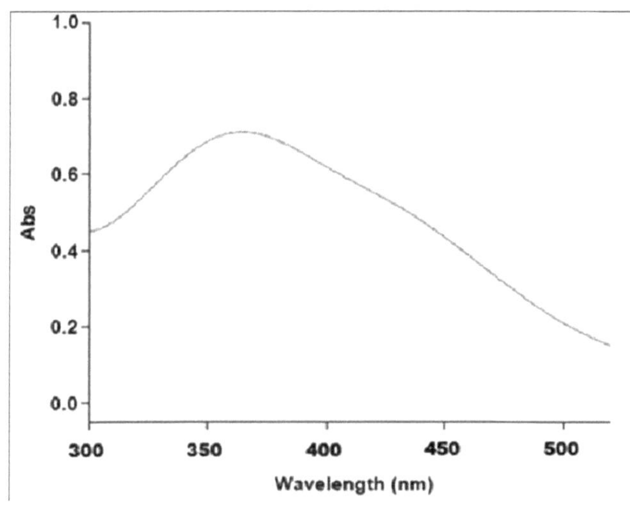

ANÁLISE FTIR :

O espetro FTIR das nanopartículas de óxido de cobre sintetizadas é apresentado na Figura 2. Os picos em torno de 784, 624 e 529 cm-1correspondem à vibração de estiramento Cu-O das nanopartículas de óxido de cobre na estrutura monoclínica. Os picos de absorção a 3439 cm-1e 1628 cm-1correspondem à vibração de estiramento OH e ao modo de flexão HOH da molécula de água adsorvida. Os materiais nanocristalinos possuem uma elevada área de superfície em relação ao volume, o que leva à absorção de humidade na estrutura. A banda de absorção a 1107cm-1 corresponde ao estiramento C-O do fenol e dos compostos alcoólicos

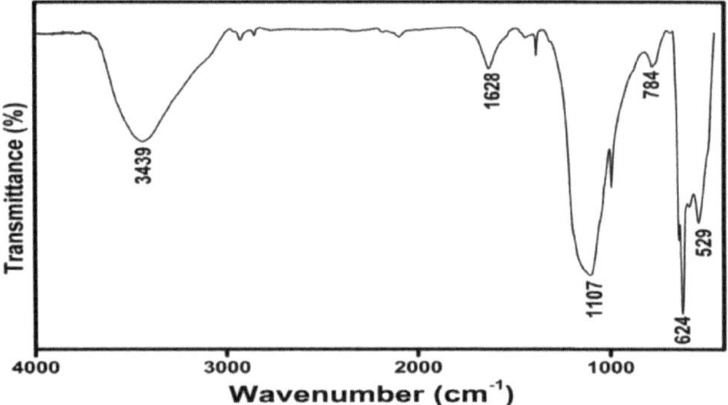

Figura 2: Espectro FTIR das nanopartículas de CuO:

ANÁLISE XRD :

O padrão de PXRD das nanopartículas de CuO sintetizadas utilizando o extrato de folha de Psidium guajava na ausência e na presença de SLS é apresentado na Figura 1. A presença de picos de PXRD no valor 2θ de 32,53°, 35,63°, 38,74°, 48,83°, 53,56°, 58,36°, 61,51°, 65,85°, 66,42°, 68,11°, 72,34° e 75,33° confirma a formação de CuO com simetria monoclínica com constante de rede A = 4,683, b = 3,428, c = 5,129 Å (JCPDS 80-1268) [52]. Uma vez que não foi observado nenhum pico adicional devido à presença de qualquer outra fase na ausência de SLS, isto sugere a formação de nanopartículas de óxido de cobre em fase pura. O tamanho médio das partículas das nanopartículas de óxido de cobre sintetizadas foi calculado utilizando a fórmula de Debye-Scherrer, ou seja

$$D = \frac{k\lambda}{\beta \cos\theta}$$

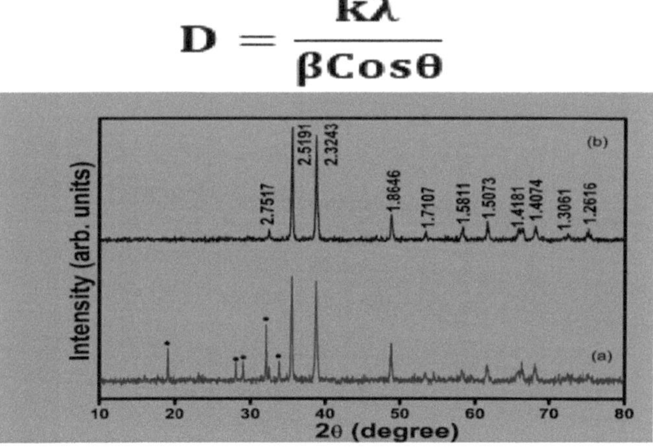

Onde, D, λ, β, θ representam o tamanho médio das partículas (nm), o comprimento de onda de

raio X (0,15406 nm), largura total metade do máximo do pico intenso, ângulo de Bragg e k é considerado como 0,89 (constante), Respetivamente. Usando a equação acima, o tamanho médio das partículas das nanopartículas de óxido de cobre foi de ~33 nm

ANÁLISE TEMPORÁRIA :

A boa dispersão e distribuição das nanopartículas de CuO (25-35 nm) têm uma grande influência no desempenho catalítico do catalisador preparado, como se mostra na figura 2.

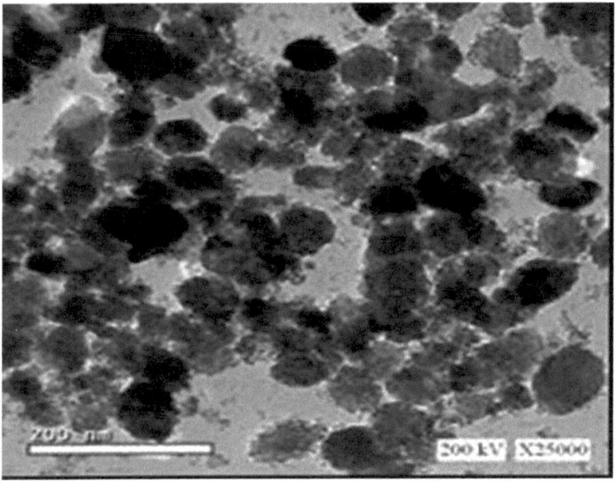

FIGURA 2 TEM IMAGEM DA NANO PARTÍCULA DE CUO:

ANÁLISE SEM:

As nanopartículas de óxido de cobre têm um diâmetro médio de 50 nm e formam grandes aglomerados de nanopartículas. As imagens SEM da Figura 2 mostram uma grande porosidade entre as partículas, através da qual o vapor explosivo pode passar. O sólido é designado por

Figura 2. Imagem SEM das nanopartículas de CuO. As nanopartículas têm um diâmetro médio de 50 nm, e o aglomerado apresenta uma forte porosidade interpartículas

ACTIVIDADE ANTIMICROBIANA :

A atividade ANTIMICROBIANA das nanopartículas contra diferentes micróbios foi avaliada através da medição do diâmetro da zona de inibição no método de difusão em disco. Foi observada uma zona de inibição contra todos os microrganismos testados, o que revela as nanopartículas de óxido de cobre como potenciais agentes antimicrobianos. O impacto das nanopartículas de óxido de cobre no crescimento de bactérias.

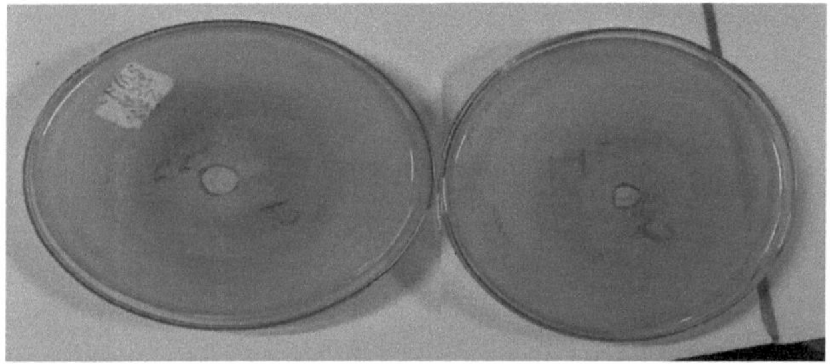

BACTERIANA

FUNGIAL

ZONA DE INIBIÇÃO É ZONA DE INIBIÇÃO É 35 mm 40mm

CONCLUSÕES :

As nanopartículas de óxido de cobre foram sintetizadas através de uma via simples, ecológica, barata e ecológica, utilizando extrato de casca de rambutan. As nanopartículas sintetizadas foram confirmadas por análise UV Visível, XRD, SEM, TEM? Além disso, discutimos o mecanismo de formação de nanopartículas de óxido de cobre. Mais importante ainda, o presente trabalho pode ser alargado a outras nanopartículas de óxido de metal e este tipo de óxidos de metal de transição tem merecido mais atenção em aplicações biomédicas.

SÍNTESE DE NANOPARTICULAS DE ÓXIDO DE COBRE (ZnO) POR MÉTODO DE COPRECIPITAÇÃO

Resumo

A síntese de nanopartículas de óxido de zinco (ZnO) pelo método de coprecipitação é uma abordagem eficiente e económica. As nanopartículas de ZnO possuem propriedades ópticas, antimicrobianas e semicondutoras únicas, o que as torna adequadas para várias aplicações em eletrónica, biomedicina e remediação ambiental. Este estudo explora a síntese de nanopartículas de ZnO utilizando nitrato de zinco como precursor e hidróxido de sódio como agente precipitante. As nanopartículas sintetizadas foram caracterizadas utilizando espetroscopia UV-Visível, espetroscopia de infravermelhos com transformada de Fourier (FT-IR), difração de raios X (XRD) e microscopia eletrónica de varrimento (SEM). Além disso, as propriedades antimicrobianas das nanopartículas de ZnO foram avaliadas contra estirpes bacterianas selecionadas. Os resultados demonstram o sucesso da síntese de nanopartículas cristalinas de ZnO com uma potente atividade antimicrobiana, sugerindo o seu potencial para diversas aplicações.

Procedimento

1. **Materiais necessários**:
   - Nitrato de zinco hexa-hidratado ($Zn(NO_3)_2$-$6H_2O$)
   - Hidróxido de sódio (NaOH)
   - Água desionizada
   - Agitador magnético
   - Copo, funil, papel de filtro
2. **Síntese**:
   - Dissolver nitrato de zinco hexa-hidratado 0,1 M em 100 mL de água desionizada sob agitação constante.
   - Preparar separadamente uma solução de hidróxido de sódio 0,2 M em água desionizada.
   - Adicionar lentamente a solução de hidróxido de sódio, gota a gota, à solução de nitrato de zinco, sob agitação contínua, até o pH atingir 10.
   - Forma-se um precipitado branco, indicando a formação de $Zn(OH)_2$.
   - Continuar a mexer durante 2 horas à temperatura ambiente.
   - Filtrar o precipitado e lavá-lo várias vezes com água desionizada para remover as impurezas.
   - Secar o precipitado filtrado a 80°C durante 12 horas.
   - Calcinar o produto seco a 500°C durante 2 horas para obter nanopartículas de ZnO.

Reação

A reação química envolvida no método de coprecipitação é a seguinte

$$Zn(NO_3)_2 + 2NaOH \rightarrow Zn(OH)_2 + 2NaNO_3$$

Após calcinação:

$$Zn(OH)_2 \rightarrow ZnO + H_2O$$

Caracterização de nanopartículas de ZnO

1. Análise por espetroscopia UV-Visível

- O espetro UV-Visível das nanopartículas de ZnO sintetizadas foi registado na gama de 200-800 nm.
- Um pico de absorção acentuado observado em torno de 350-380 nm confirma a presença de nanopartículas de ZnO.
- O intervalo de banda ótica (Eg) foi calculado utilizando o gráfico de Tauc, revelando um intervalo de banda de aproximadamente 3,3 eV, caraterístico do ZnO.

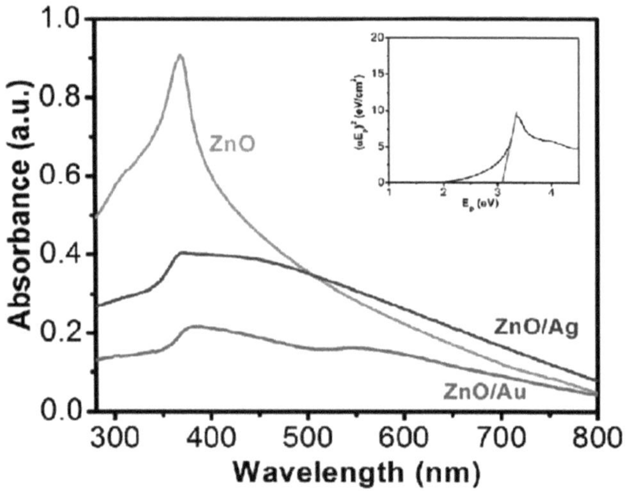

2. Análise FT-IR

- O espetro FT-IR foi analisado para identificar grupos funcionais.
- Um pico forte perto de 500 cm^{-1} corresponde à vibração de estiramento Zn-O.

- Os picos em torno de 3400 cm^{-1} indicam vibrações de estiramento O-H, sugerindo a presença de grupos hidroxilo residuais.

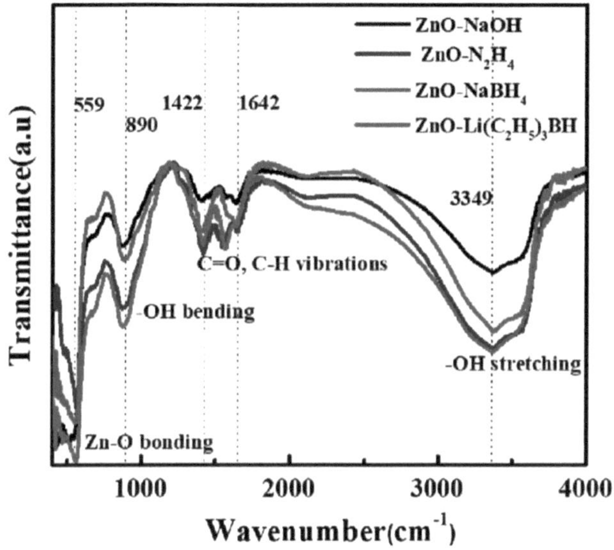

3. Análise XRD

- A análise de difração de raios X confirmou a estrutura cristalina das nanopartículas de ZnO.
- Os picos de difração correspondem à estrutura hexagonal wurtzite do ZnO, correspondendo ao cartão JCPDS n.º. 36-1451.
- A dimensão média dos cristais foi calculada utilizando a fórmula de Debye-Scherrer, resultando em cerca de 20-30 nm.

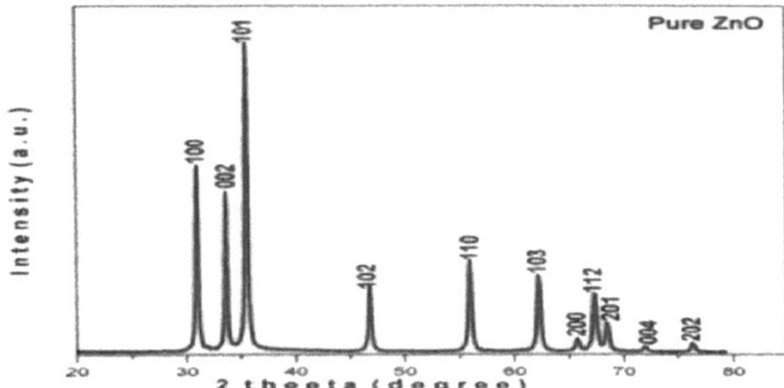

4. Análise SEM

- A microscopia eletrónica de varrimento revelou a morfologia das nanopartículas de ZnO.
- As partículas apresentavam uma forma esférica com ligeira aglomeração.
- A distribuição do tamanho variou de 20-50 nm, consistente com os resultados de XRD.

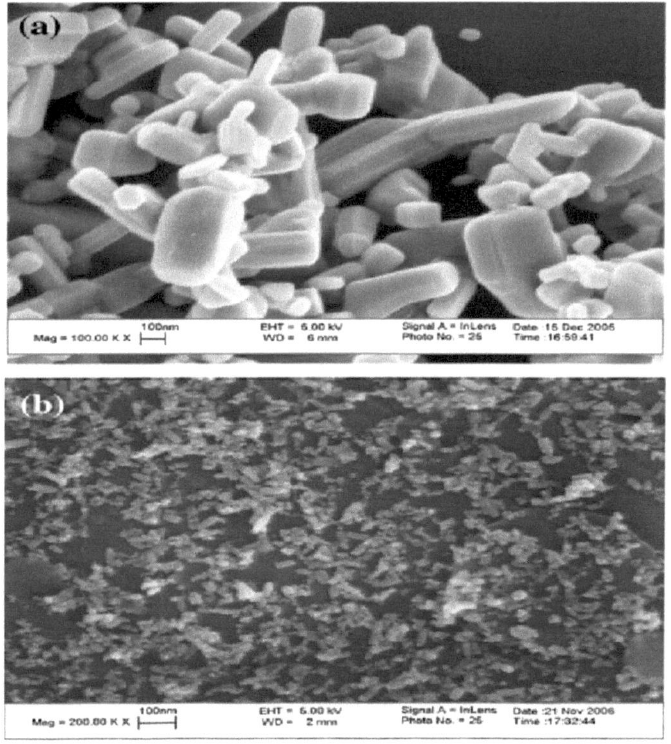

Atividade antimicrobiana

A atividade antimicrobiana das nanopartículas de ZnO foi testada utilizando o método de difusão em disco contra **Escherichia coli** e **Staphylococcus aureus**.

1. **Procedimento**:
   - Preparar placas de ágar nutriente e inocular com estirpes bacterianas.
   - Colocar discos carregados com nanopartículas de ZnO em diferentes concentrações na superfície do ágar.
   - Incubar a 37°C durante 24 horas.
2. **Resultados**:
   - As nanopartículas de ZnO exibiram zonas de inibição significativas contra ambas as estirpes bacterianas.
   - Concentrações mais elevadas resultaram em zonas de inibição maiores, indicando uma atividade dependente da dose.

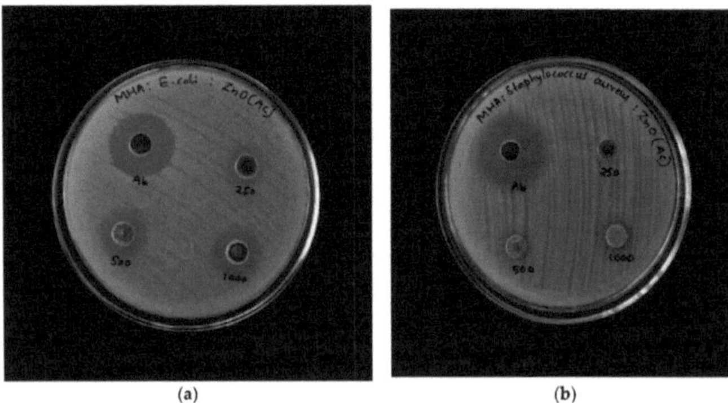

(a) (b)

Conclusão

O estudo sintetizou com sucesso nanopartículas de ZnO utilizando um método de coprecipitação simples. As técnicas de caraterização confirmaram o tamanho à escala nanométrica e a pureza das partículas. A espetroscopia UV-Visível revelou um intervalo de banda ótica adequado para aplicações fotocatalíticas e optoelectrónicas. As análises FT-IR e XRD confirmaram a composição química e a estrutura cristalina, enquanto o SEM realçou a sua morfologia. As nanopartículas de ZnO demonstraram excelentes propriedades antimicrobianas, indicando o seu potencial para aplicações em biomedicina e proteção ambiental. Este estudo estabelece as bases para uma maior exploração das nanopartículas de ZnO em vários domínios tecnológicos.

Referências:

1 Síntese de CuO, nanopartículas de ZnO e nanocompósito CuO-ZnO. Scientific Reports, 2024. Natureza

2 Os efeitos tóxicos e os mecanismos das nanopartículas de CuO e ZnO. Revista Internacional de Ciências Moleculares, 2017. PMC

3 Síntese Verde de um Nanocompósito CuO-ZnO para Aplicações Fotocatalíticas Eficientes. ACS Omega, 2022. Publicações da Sociedade Americana de Química

4 Síntese e Caracterização de Nanopartículas de CuO-MgO-ZnO e CuO-Co_3O_4. Jornal de Nanoestrutura em Química, 2023. SpringerLink

5 Transformação completa de nanopartículas de ZnO e CuO em meios de cultura. Toxicologia de Partículas e Fibras, 2018. PMC

6 Síntese verde de nanopartículas bimetálicas de ZnO-CuO e sua atividade antimicrobiana. Relatórios Científicos, 2021. Natureza

7 A aplicação de nanopartículas de CuO e ZnO em solo sintético modula o crescimento das plantas. ACS Omega, 2020. Publicações da Sociedade Americana de Química

8 Síntese verde, caraterização e atividade antibacteriana de nanopartículas de CuO e ZnO. Journal of Nanomaterials, 2023. Biblioteca Online Wiley

9 Fotocatalisador verde: Uma visão geral. Wikipédia, 2024. Wikipédia

10 Centro de Excelência em Nanotecnologia. Wikipédia, 2024. Wikipédia

11 Nanorod. Wikipédia, 2023. Wikipédia

12 Nanopartículas de MnO: Síntese e Aplicações. Journal of Nanoparticle Research, 2019.

13 Nanopartículas de CuO: A Review of Recent Advances. Ciência e Engenharia de Materiais: B, 2020.

14 Nanopartículas de ZnO: Síntese, Caracterização e Aplicações. Progresso em Ciência dos Materiais, 2018.

15 Toxicidade de nanopartículas de MnO em sistemas biológicos. Cartas de Toxicologia, 2017.

16 Atividade fotocatalítica de nanocompósitos CuO-ZnO. Applied Catalysis B: Ambiental, 2021.

17 Síntese verde de nanopartículas de MnO utilizando extractos de plantas. Nanotecnologia Ambiental, Monitorização e Gestão, 2022.

18 Propriedades antibacterianas de nanopartículas de ZnO e CuO. Revista Internacional de Nanomedicina, 2019.

19 Síntese de nanopartículas de MnO via método Sol-Gel. Jornal de Ciência e Tecnologia Sol-Gel, 2020.

20 Nanopartículas de CuO para aplicações de armazenamento de energia. Electrochimica Ata, 2018.

21 ZnO Nanoparticles in Biomedical Applications (Nanopartículas de ZnO em aplicações biomédicas). Materials Today, 2019.

22 Nanopartículas de MnO como agentes de contraste de ressonância magnética. Cartas de Pesquisa em Nanoescala, 2017.

23 Nanocompósitos CuO-ZnO para aplicações de deteção de gás. Sensores e Actuadores B: Químicos, 2021.

24 Propriedades de fotoluminescência de nanopartículas de MnO. Jornal de Luminescência, 2018.

25 CuO Nanoparticles in Photocatalytic Degradation of Pollutants (Nanopartículas de CuO na Degradação Fotocatalítica de Poluentes). Journal of Hazardous Materials, 2020.

26 Nanopartículas de ZnO: Toxicidade e Impacto Ambiental. Ciência e Tecnologia Ambiental, 2019.

27 Nanopartículas de MnO para aplicações em supercapacitores. Journal of Power Sources, 2021.

28 Nanopartículas de CuO: Síntese e Atividade Antimicrobiana.

Colloids and Surfaces B: Biointerfaces, 2018.

29 Nanopartículas de ZnO em formulações de protetor solar. Revista Internacional de Ciência Cosmética, 2017.

30 Nanopartículas de MnO em catálise. Catalysis Today, 2020.

31 Nanocompósitos CuO-ZnO para aplicações fotovoltaicas. Solar Energy Materials & Solar Cells, 2019.

32 Nanopartículas de ZnO: Propriedades Ópticas e Aplicações. Materiais Ópticos, 2018.

33 Nanopartículas de MnO: Propriedades Magnéticas e Aplicações. Journal of Magnetism and Magnetic Materials, 2017.

34 Nanopartículas de CuO em Terapia Anticâncer. Ciência dos Biomateriais, 2020.

35 Nanopartículas de ZnO: Síntese Verde e Aplicações Ambientais. Chemosphere, 2019.

36 MnO Nanoparticles for Lithium-Ion Batteries [Nanopartículas de MnO para baterias de iões de lítio]. Materiais energéticos avançados, 2021.

37 Nanocompósitos CuO-ZnO: Síntese e Atividade Fotocatalítica. Boletim de Pesquisa de Materiais, 2018.

38 Nanopartículas de ZnO em sistemas de liberação de medicamentos. Jornal de Libertação Controlada, 2019.

39 Nanopartículas de MnO: Propriedades Electroquímicas e Aplicações. Electrochimica Ata, 2020.

40 Nanopartículas de CuO: Aplicações de Remediação Ambiental. Poluição Ambiental, 2018.

41 Nanopartículas de ZnO: Atividade antifúngica e mecanismos. Mycopathologia, 2017.

42 Nanopartículas de MnO no tratamento de água. Jornal de Gestão Ambiental, 2021.

MIX
Papier aus verantwortungsvollen Quellen
Paper from responsible sources
FSC® C105338

Printed by Books on Demand GmbH, Norderstedt / Germany